BEI GRIN MACHT SICH IHR WISSEN BEZAHLT

- Wir veröffentlichen Ihre Hausarbeit, Bachelor- und Masterarbeit

- Ihr eigenes eBook und Buch - weltweit in allen wichtigen Shops

- Verdienen Sie an jedem Verkauf

Jetzt bei www.GRIN.com hochladen und kostenlos publizieren

Annegret Bäßler, Jens Ender, Linda Wunder

Geoökologische Differenzierung der Antarktis

GRIN Verlag

Bibliografische Information der Deutschen Nationalbibliothek:

Die Deutsche Bibliothek verzeichnet diese Publikation in der Deutschen National-
bibliografie; detaillierte bibliografische Daten sind im Internet über http://dnb.d-
nb.de/ abrufbar.

Impressum:

Copyright © 2003 GRIN Verlag GmbH
Druck und Bindung: Books on Demand GmbH, Norderstedt Germany
ISBN: 978-3-638-67347-1

Dieses Buch bei GRIN:

http://www.grin.com/de/e-book/69418/geooekologische-differenzierung-der-ant-
arktis

GRIN - Your knowledge has value

Der GRIN Verlag publiziert seit 1998 wissenschaftliche Arbeiten von Studenten, Hochschullehrern und anderen Akademikern als eBook und gedrucktes Buch. Die Verlagswebsite www.grin.com ist die ideale Plattform zur Veröffentlichung von Hausarbeiten, Abschlussarbeiten, wissenschaftlichen Aufsätzen, Dissertationen und Fachbüchern.

Besuchen Sie uns im Internet:

http://www.grin.com/

http://www.facebook.com/grincom

http://www.twitter.com/grin_com

Friedrich-Schiller-Universität Jena

Institut für Geographie

- Geomorphologie -

Hauptseminar: Arktis & Antarktis

Geoökologische Differenzierung der Antarktis

Annegret Bäßler

Jens Ender

Linda Wunder

2003

Inhaltsverzeichnis

1 Einleitung 3

2 Kurzer Abriss der geomorphologische Entwicklung der Antarktis 4

3 Südpolare Vergletscherung 6

4 Die Entstehung des marinen Meereis und ihre Wirkung auf Flora und Fauna 8

5 Verwitterung und Bodenbildung 12

6 Klima 14

   6.1 Klimageschichte der Antarktis 15

   6.2 Klima der Südpolaren Region 16
      6.2.1 Klima des Subantarktischen Gürtels 17
      6.2.2 Klima der maritimen Antarktis 18
      6.2.3 Klima der kontinentalen Antarktis 19

7 Flora und Fauna der Antarktis 21

   7.2 Flora des Subantarktischen Subzonobiom 21

   7.3 Floren des Subzonobiom der Nördlichen Antarktischen Wüste 22

   7.4 Flora und Fauna des Subzonobiom der Südlichen Antarktischen Wüste 24

   7.5 Die marine Fauna der Antarktis 25

8 Zusammenfassung 27

Literaturverzeichnis 29

1 Einleitung

Die hier vorliegende Arbeit beschäftigt sich mir der ökozonalen Differenzierung der Antarktis. In Anlehnung Alexsandrova lässt sich die Antarktis in drei Ökozonen unterteilen.

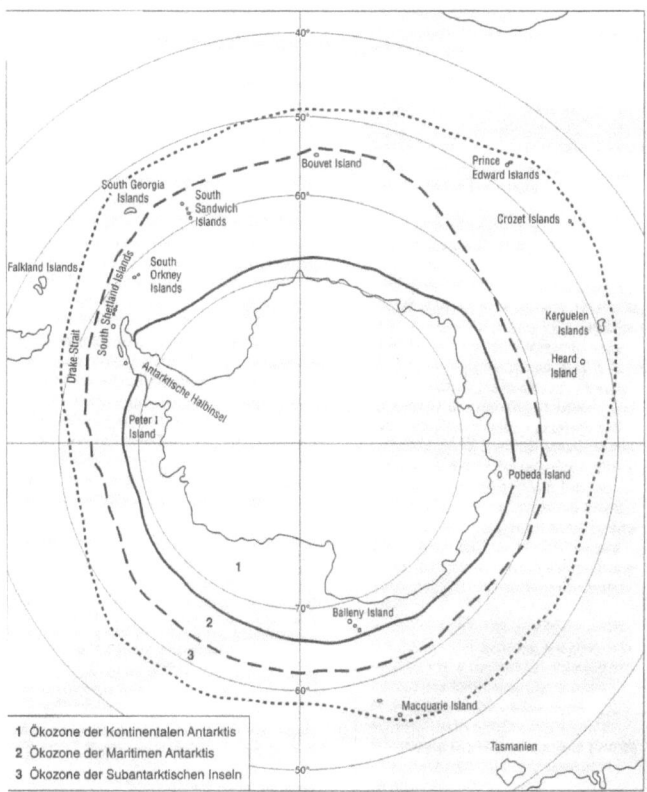

Abbildung 1: Unterteilung der Antarktis in drei Ökozonen nach Alexandrova.
Quelle: WÜTRICH & THANNHEISER 2000:17.

Es ist zu erkennen dass die Unterteilung auf drei konzentrischen Ringen basiert. Ursache hierfür sind die isolierte Lage des antarktischen Kontinents und der damit verbunden Einzigartigkeit der Meeres- (Kapitel 4, Abbildung 5) und Luftströmungen (Kapitel 6.2).

Da der Kontinent Antarktis zwischen 98% (SCHULTZE 2003:6) und 99% (WÜTRICH & THANNHEISER 2000:17) mit Eis bedeckt ist beschränken sich die ökologischen bedeutendsten Gebiete auf wenige schmale Küstenstreifen. Besonders die gemilderte Westantarktis ist hierbei zu nennen.

Anhand der Unterscheidungsmerkmale eines Ökosystems, Morphosystem, Pedosystem, Hydrosystem und Klimasystem (DIERCKE 2001:263), lassen sich die Subzonen klassifizieren. Somit werden in dieser Arbeit die Merkmale und ihre Funktion im Gesamtsystem dargestellt.

2 Kurzer Abriss der geomorphologische Entwicklung der Antarktis

Ausgangspunkt für die Antarktis bildet Rodina, der Prä-Pangäa-Kontinent, den Geologen erst seit kurzem als Grundlage der erdgeschichtlichen Entwicklung sehen. Aus diesem Vorläuferkontinent entstand der Einheitskontinent Pangäa, das sich im Erdmittelalter in Laurentia und Gondwana geteilt hat (BLÜMEL 1999:20).

Während der Zeit vom Jura bis zum Tertiär, oder genauer in der Kreidezeit setzte eine Plattentektonische Dynamik ein, die neue Festländer schuf. Dabei drifteten die Platten immer weiter auseinander und es entstanden im Laufe der Zeit die neuen Ozeane. Ein Bruchstück des Einheitskontinent Gondwana (Abbildung 2), Antarktika, geriet immer weiter in die südpolare Lage, was sich auf die globalen klimatischen Entwicklungen noch heute auswirkt (BLÜMEL 1999:20).

Abbildung 2: Teilung des Einheitskontinents Gondwana Quelle: Internet 1

Die heutige Ost-Antarktis wird von dem antarktischen Schild gebildet, bei dem kristallines Gestein vorherrscht. Durch die Wachstumsphasen der Gebirgsbildung kann die Antarktis in vier verschiedene Orogene geteilt, wie Tabelle 1 zeigt (BLÜMEL 1999:20f).

	Ost- / Zentral- antarktisches Schild	Ross-Orogen	Ellsworth-Orogen	Anden-Orogen
Gestein:	Granit, Gneis, Granulite	Metamorphite, granit. Intrusion	flachmarine Serien, devonische Quarzite	Sedimente & Vulkanite
Entstehungs- zeitalter:	Präkambrium, untere Paläozoikum	Frühes Paläozoikum	zw. Paläozoikum und Mesozoikum	spätes Mesozoikum, frühes Känozoikum
Bespiel:	Wilkesland, Enderbyland, Königin Maud-Land	Tranantarktisch es Gebirge (4530m)	Ellsworthland, Ells- worth-Mountain (5000m)	Antarktische Halbinsel, Plamer Land (4200m)

Tabelle 1: Antarktische Orogen-Einteilung (nach BLÜMEL 1999:22)

Auf der westantarktischen Seite besteht der tektonische Bau nicht aus einem zusammenhängenden Kontinentstück, sondern aus drei Archipelen, die durch eine Eisdecke miteinander verbunden werden. Bei den Archipelen handelt es sich um die Antarktische Halbinsel, das Marie-Byrd-Land und das Ellsworth-Orogen. Marie-Byrd-Land besteht aus den Gesteinen Schiefer, Gneis und Sedimenten. Bei der Antarktischen Halbinsel trifft man verschiedene Gesteine an. So sind sowohl die Westküste der Halbinsel, die Süd-Orkneys, als auch die Süd-Shetlands von Grünschiefer durchzogen. Der zentral liegende andine Faltengürtel der Halbinsel besteht aus permokarbonischem Gestein (Schiefer). Allerdings ist der Gesteinskomplex stellenweise mit Vulkaniten durchzogen. Am häufigsten zu finden und strukturell am bedeutendsten ist kreidezeitliches Intrusivgestein. An der Nordspitze der Halbinsel ist Gestein aus der jüngste vulkanischen Phase vorhanden, Olivin-Basalte. (BLÜMEL 1999:22f)

3   Südpolare Vergletscherung

98 % der antarktischen Fläche ist von Eis bedeckt. Die übrigen 2 % sind eisfreie felsige Gipfel, auch genannt Nunataks (SCHULTZE 2003:6).

Die Eismenge, die die Antarktis mit ihrem Inlandeis besitzt (12,5 Mio. km² größtes Eisschild der Erde), umfasst 91 % des gesamten globalen Eisvorrates. Es sind circa 25 Mio. km³ Wasser in der Antarktis gebunden, die 80 % des globalen Süßwassers darstellen. Dabei ist die Inlandeisschicht 3-4 km dick und drückt durch seine enorme Last (2000 t pro m²) den Felsuntergrund der Antarktis tief in das Südpolarmeer. Würde das Inlandeis der Antarktis schmelzen, käme der Felsuntergrund Antarktikas um 0,5 – 1 km aus der Tiefe des Ozeans empor (WÜTRICH & THANNHEISER 2002:63).

Zum Inlandeis gehören viele Bereiche der Antarktis. So zählen Eisdome und die Piedmontgletscher des Festlandbereiches zum Hauptvergletscherungsgebiet. Die vor gelagerten Inseln, deren Eiskappen die Verbindung über die Eisschelfe zum Hauptschelf bilden, das dem Inlandeis zugehörig ist, zählt auch dazu. Damit ist das Gletschereis im Norden der Antarktis als eine Eiskappe zu sehen. Auch Auslassgletscher, die das Eis zum Meer führen, gehören inklusive der Firnmuldengletscher und Firnkesselgletscher zum Inlandeis (WÜTRICH & THANNHEISER 2002:67f.).

Die oben erwähnten Eisschelfe sind ein besonders typisches Merkmal für die Antarktis. Sie entstehen und werden genährt durch die Auslassgletscher. Das größte Eisschelf, das auf der Erde existiert, ist das Ross-Eisschelf mit einer Fläche von 530 000 km². Sowohl Gletscher aus dem transantarktischen Gebirge speisen das Eisschelf, als auch Eisströme aus dem Marie-Byrd-Land (WÜTRICH & THANNHEISER 2002:70). Das Schelfeis schützt den Kontinent gegen das stürmische Südpolarmeer, da sich ein Teil des Schelfeis auf das Land schiebt und dort festgehalten wird. Allerdings kommt es an dieser Grenze (Eisbarriere) häufig zu Brüchen, die dazu führen können, dass sich ein Tafeleisberg ins Meer absetzt. Unterstützt wird das „kalben" des Eisberges durch den Wellengang, den Tidenhub, die Schmelzprozesse im Sommer und der Schub vom Landesinneren (Internet 2).

Ein solcher Vorgang geschah am Ross-Schelfeis im März 2000. Wobei diese Loslösung des Eisberges nicht auf die Klimaerwärmung zurückzuführen ist, sondern einen natürlichen, immer wiederkehrenden Prozess darstellt. Die Eisbergabbrüche kündigen sich schon lange Zeit vorher an, durch das Entstehen großer Spalten. So konnten schon 1997 von einem kanadischen Satelliten Bilder (Abbildung 3) gemacht werden, die solche Spalten zeigen und das „kalben" des Eisberges ankündigen (Internet 3).

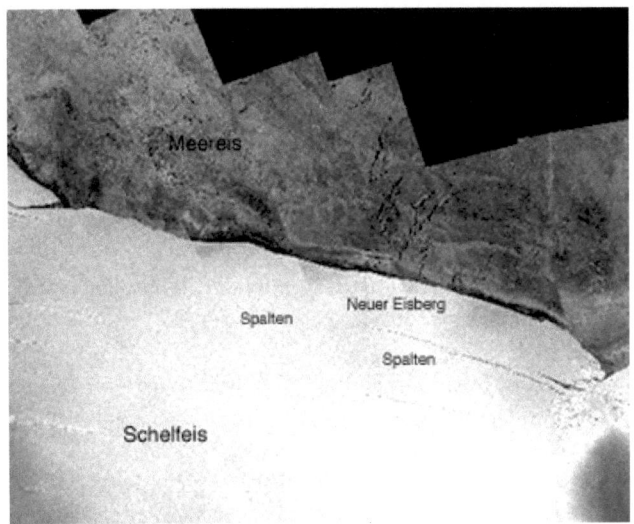

Abbildung 3: Ausschnitt aus RADARSAT® Mosaic (bearbeitet von H. Miller).
Situation im November 1997 Quelle: Internet 2.

Abbildung 4: Abgekalbte Tafeleisberge Quelle: Internet 4.

Meereis ist vom eisbedecktem Festland kaum zu unterscheiden, was allerdings keine verheerenden Folgen hat, da diese Eisdecke trotzdem eine große Last tragen kann (WÜTRICH & THANNHEISER 2002:69). Die Tragfähigkeit von Schelfeis und Eisbergen wird durch Abbildung 4 verdeutlicht. Die Mächtigkeit der Eisberge oder des Schelfeis ist aufgrund dieser Abbildung gut vorstellbar.

Durch das abtauen und gefrieren des Meereis werden sowohl Temperatur, als auch der Salzgehalt beeinflusst. Dadurch entstehen Meeresströmungen. (WÜTRICH & THANNHEISER 2002:71).

Man kann zwischen terrestrischem Süßwasser-Meereis (Eisberge und Schelfeis) und marinem Salzwasser-Meereis unterscheiden. Den dominanteren Teil hat aber das marine Meereis inne, da es eine größere Fläche aufweist. Aufgrund des Salzgehalts kann die Mächtigkeit des marinen Meerwassers nicht mit der, des terrestrischen mithalten (WÜTRICH & THANNHEISER 2002:71).

4 Die Entstehung des marinen Meereis und ihre Wirkung auf Flora und Fauna

Da marines Meereis, auch Packeis genannt, durch das Südpolarmeer gebildet wird, kommt man nicht umhin, den Aufbau und die Funktion des „Southern Ocean" zu erklären.

Das Südpolarmeer umschließt die gesamte Antarktis mit einer Breitenstreckung von 50° südlicher Breite bis 70° südlicher Breite und ist charakterisiert durch besondere Schichtungen des Meerwassers. Dabei unterscheidet man die Schichtung in unmittelbarer Nähe zum Festland und die Warmwasserüberlagerung in der Nähe der antarktischen Konvergenz. Diese Grenze, an der sich von Norden kommende, warme, hauptsächlich atlantische Wassermasse über die kalten antarktischen Oberflächen-gewässer schiebt, wird durch den Westwind-Drift gesteuert (WÜTRICH & THANNHEISER 2002:51f.). Es entsteht subantarktisches Zwischenwasser (WÜTRICH & THANNHEISER 2002:52).

Dieser Austausch mit den globalen Weltmeeren ist nur möglich, durch das Fehlen von großen Inseln und dem Fehlen von einem Kontinentalrand. Denn es findet nicht nur ein Zustrom der atlantischen Wassermassen statt, sondern auch ein Ausstrom des antarktischen Bodenwassers und des subantarktischem Zwischenwassers. Dieses kalte und salzarme Wasser schiebt sich in Richtung des Äquators und findet sich auf der Südhalbkugel beispielsweise im Humboldtstrom wieder.

Der antarktische Zirkumpolarstrom (zwischen 70° und 65° südlicher Breite), in dem der Westwind-Drift durch die Corioliskraft nach Nordosten abgeleitet wird, bildet den äußeren Ring der südpolaren Wasserbewegung (Abbildung 5). Demzufolge muss es auch einen inneren Ring der südpolaren Wasserbewegung geben, den Polarstrom oder auch Ostwinddrift genannt. Dieser greift bei circa 65° südlicher Breite und verläuft in die entgegengesetzte Richtung des äußeren Rings, nach Südwest (Abbildung 5). Allerdings wird diese innere Ringströmung an der antarktischen Halbinsel aufgehalten und nach Norden geleitet, wo sie in den äußeren Ring gelangt. Durch den schnellen Richtungswechsel entstehen kleine Wirbel im Bereich des Weddelmeers, dem Weddeldrift (Abbildung 5). Ähnliche Erscheinungen solcher Wirbel sind auch am Rossmeer zu sehen (WÜTRICH & THANNHEISER 2002:54).

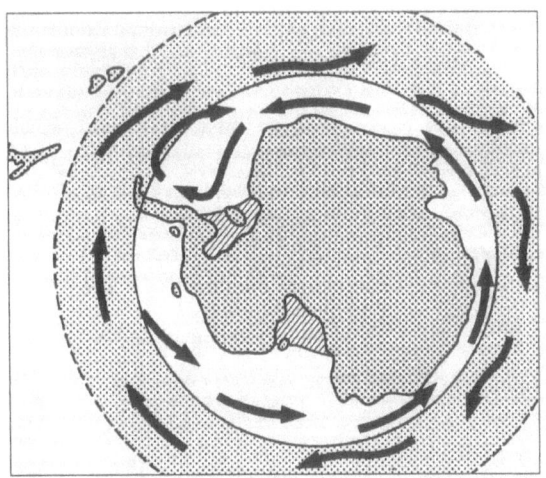

Abbildung 5 :Strömungsrichtungen im äußeren und inneren Ring des Südpolarmeers
Quelle: WÜTRICH & THANNHEISER 2002:55.

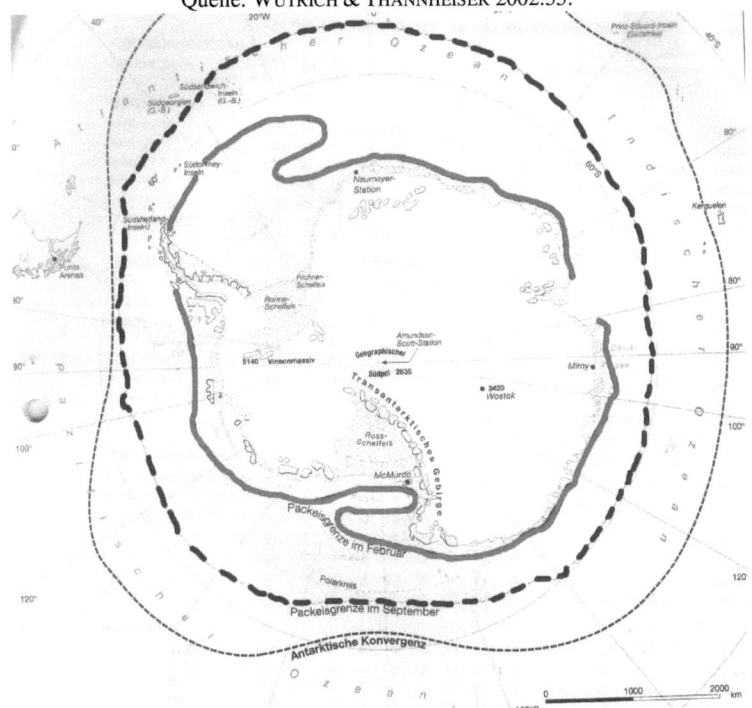

Abbildung 6: Meereisgrenze im September (blau) und im Februar (rot)
Quelle: verändert nach Schultz 2003:7.

Im inneren Ring findet sich neben dem Ostwinddrift noch eine vertikale Vermischung des Meerwassers statt. Im Südpolarmeer unterscheidet man 3 Schichten, die sich in Temperatur, Salzgehalt und Strömungsrichtung unterschieden (Tabelle 2). Die Durchmischung der drei Schichten beruht auf der unterschiedlichen Dichte des Wassers. Die Dichte wiederum resultiert entweder aus der Temperatur oder aus dem Salzgehalt. Denn bei gleicher Temperatur entscheidet der Salzgehalt über die Dichte des Wassers. Wenn dieses Salzwasser gefriert, kristallisiert nur der Wasseranteil (Meereis) und das hochkonzentrierte Salzwasser sinkt nach unten, da es jetzt eine höhere Dichte durch die hohe Salzkonzentration besitzt. Das tiefe, salzhaltige Wasser wird als Tiefenwasser bezeichnet (WÜTRICH & THANNHEISER 2002:52).

Die Entstehung des Meereises wird durch die kalten Fallwinde noch unterstützt (WÜTRICH & THANNHEISER 2002:52). Wobei das Meereis auch eine Schwankung zwischen Südwinter und Südsommer aufweist (Abbildung 6).

	Antarktisches Oberflächenwasser (70 – 250 m tief)	Warmes Tiefenwasser (bis 2000 m tief)	Antarktisches Bodenwasser (aus Meereis)
Salzgehalt	3,41 %	3,77 %	> 3,45 %
Temperatur	Kontinentnähe: -1° C Antarkt. Konvergenz: 3,5° C	1° - 3° C	- 1,8° C
Strömungsrichtung	- von Süd nach Nord - östliche Ablenkung durch Westwinde	- südwärts, Richtung Antarktis - steigt bei der antarkt. Divergenz an die Oberfläche	- tief und nördlich
Besonderheit	- an antarkt. Konvergenz taucht es unter die Oberflächens chicht der wärmeren, nördlichen Ozeane => wird zum	- an der Oberfläche der antarkt. Divergenz kann das warme Tiefenwasse r zwei Wege gehen: a) als antarkt.	

subantarktisc hen Zwischenwas ser	Oberfläche nwasser nach Abkühlung Richtung Norden b) nach Süden, durch Fallwinde abgekühlt zu Meereis	

Tabelle 2: Schichten des antarktischen Polarmeers
Quelle: nach WÜTRICH & THANNHEISER 2002:52f.

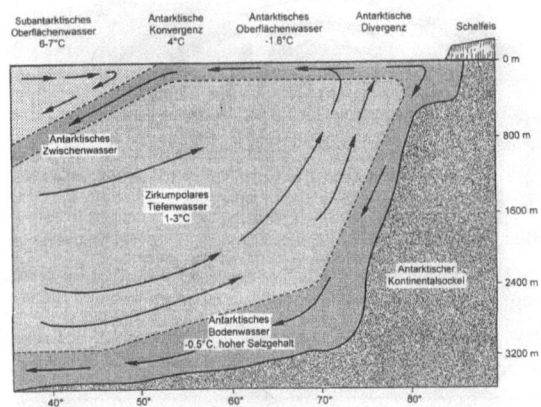

Abb.7: Strömungsverhältnisse im Südpolarmeer
Quelle :WÜTRICH & THANNHEISER 2000:17.

Als ökologischer Sicht für Flora und Fauna des Meeres besitzen das antarktische Oberflächenwasser und das warme Tiefenwasser eine große Funktion für die biologischen Prozesse der Primärproduktion (WÜTRICH & THANNHEISER 2002:52f.).
Um die Tabelle noch zu verdeutlichen, zeigt Abbildung 7 die vertikalen Strömungsverhältnisse im Südpolarmeer.

5 Verwitterung und Bodenbildung

Ein Pedosystem, wie man es in Europa kennt, wird man in der Antarktis nicht antreffen. Dennoch kann man aufgrund des Hydrosystems der Antarktis sowohl physikalische, als auch chemische Verwitterungsprozesse beobachten. Verwitterungs- und Streubildungsprozesse werden durch das Klima, genauer durch das Hydrosystem der Antarktis gesteuert (BLÜMEL 1999:77). Wenn man von physikalischer Verwitterung in der Antarktis redet, sind Prozesse wie Abgrusung (Zerfall des Festgesteins in kleine Bestandteile), Absandung, Desquamation (Abblättern), Frostsprengung, Salzkristallisation und Quellung gemeint. Bei der chemischen Verwitterung unterscheidet man zwischen Hydrolyse und Oxidation. Beide Verwitterungsprozesse verstärken sich gegenseitig und sind nur durch das große Angebot an Feuchtigkeit möglich (BLÜMEL 1999:78). Allerdings werden die Bodenprozesse der Antarktis nach ihrer Region differenziert in kontinental-trockenes Klima der Ost-Antarktis und maritim-feuchtes Klima der West-Antarktis (BLÜMEL 1999:77).

Allgemein kann man sagen, dass für den Gesteinszersatz die Insolationsverwitterung (Strahlungsabsorbtion) der wichtigste Mechanismus ist (BLÜMEL 1999:77). Denn bei freiem Himmel kann die Sonneneinstrahlung das Gestein auf 20° C bis 30° C und bis in circa 20 cm Tiefe erwärmen. Dabei spielt weder die Lufttemperatur noch die Exposition des Gesteins eine Bedeutung (BLÜMEL 1999:78). Daraus resultieren sowohl Temperaturschwankungen, als auch Volumenschwankungen. Wobei nur die Maximal- und Minamalwerte der Temperatur und deren Frequenz von hoher Bedeutung sind, und nicht die Mittelwerte. Folgen dieser Schwankungen können sein: Desquamation, Abgrusung und Absanden (BLÜMEL 1999:77).

Es ist somit auch nicht verwunderlich, dass es erstens in der Antarktis keine Vielfalt an kontinentalen Pflanzen gibt. Ihnen dient lediglich ein Karger Untergrund als Wachstumsuntergrund. Deshalb sind Flechten die am zahlreichsten vertretene Pflanzenart. Denn sie hat sich der antarktischen Klimabedingungen angepasst. Folge davon ist, dass diese Pflanzen nicht höher als ein paar Zentimeter werden. (BLÜMEL 1999:70).

Im Folgenden werden die Verwitterungsprozesse und die Bodenbildungsprozesse nach ihrer spezifischen Region erklärt. Wie oben schon erwähnt unterscheiden wir dabei zwischen der kontinental-trockenen Ost-Antarktis, die nach der Einteilung von ALEXSANDROVA zum Bereich der kontinentalen Antarktis (Abbildung 8) gehört. Weiterhin unterschiedet ALEXSANDROVA die maritime Antarktis (Abbildung 8), zu der das oben genannte maritim-feuchte Klima der West-Antarktis gezählt wird. Als dritte temperierte Zone, die auf Abbildung 8 zu sehen ist, nennt ALEXSANDROVA die Subantarktis (WALTER & BRECKLE 1991:499)

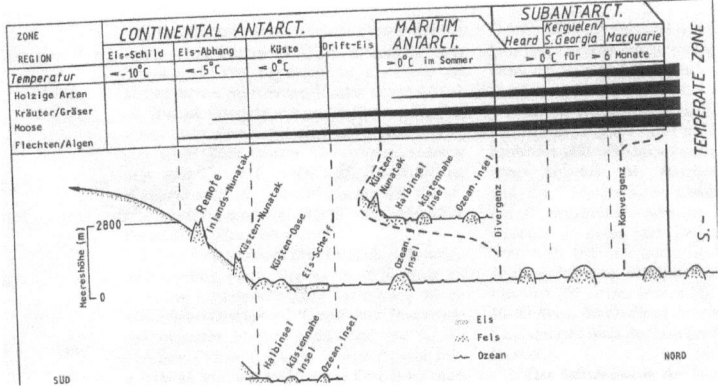

Abbildung 8: Schematisches Profil der temperierten Zonen der Antarktis nach
ALEXSANDROVA Quelle: WALTER & BRECKLE 1991:499.

In der kontinentalen Antarktis findet in den häufigsten Fällen eine Mischung aus
physikalischer und chemischer Verwitterung statt. Insolation und Frostwechsel treten
dabei nur unter Bedingung von Wasser statt. Dieses Wasser kann von neu gefallenem
Schnee oder durch regionales Gletscherschmelzwasser resultieren. Auch Salzsprengung
ist ein häufig anzutreffender Prozess, da die kontinentale Trockenheit das Auswaschen
der Salze verhindert. Die extremsten Trockenstandorte sind das Transantarktische
Gebirge und der Rand des inneren Plateaus. Das Salz stammt entweder durch
Einwehungen des Meeres oder durch Ansammlung hoch konzentrierter Salzlösung in
abflusslosen Senken, Gesteinsklüften oder unter Blöcken und Schutt. Der Katalysator
für die Salzsprengung ist bei diesem Prozess die Frequenz der Feuchte und
Wiederaustrocknung. Denn der entstehende Quellungsdruck (Hygroskopizität) und die
Rekristallisation bilden die Ursache für die Salzsprengung (BLÜMEL 1999:81).
Anders sieht es in der West-Antarktis aus. Denn aufgrund des ozeanisch gemilderten
Kaltklimas besitzen die West-Antarktis und die antarktische Halbinsel positive
Sommertemperaturen und eine sommerliche Feuchte. Diese Feuchtigkeit verhindert die
Akkumulation von Salzen, Carbonaten oder Sulfaten, so wie es in der Ost-Antarktis zu
beobachten ist (BLÜMEL 1999:92).
Beispiele für positive Sommertemperaturen sind die Shetland Inseln und der Norden der
antarktischen Halbinsel. Dort treten Auftautiefen von 20 cm bis zu 120 cm auf.
Permafrost bleibt allerdings wegen zu geringer Verdunstung in der
Dekompositionsphäre (Zesetzungsphäre) bestehen und steht später für die chemische
Verwitterung zur Verfügung (BLÜMEL 1999:92). Wegbereiter der Dekomposition sind
die Flechten, da sie den Mineralbestand des Wirtgesteins angreifen und eine
Verwitterungsrinde entstehen lassen (BLÜMEL 1999:80).

Einige Bedingung, die die Verwitterungsprozesse und Bodenprofile der maritimen Antarktis mitbestimmen bzw. modifizieren, sind: Drainage (verhindert die Bildung ständig erneuernder, aggressiver Bodenlösung), Exposition und Bodenklima bzw. Bodenwärme, Geomorphodynamik, Mineralzusammensetzung und Auftautiefe (BLÜMEL 1999:92).

Ist in solchen Gebieten die Kryoturbation bzw. die Solifluktion vollendet, entsteht ein Schuttmantel. Dieser wird von Strauchflechten besetzt, die neu organische Substanz aufbauen (BLÜMEL 1999:92). Dadurch entsteht ein Ah-Horizont mit einem Humusgehalt von 0,7 % bis 10,2 % auf verbrauntem Profil. Auch wurden Tonkörner gefunden, die zum Teil durch Ausfällung freier Eisen-Oxidhydrate entstanden sind. Eine Lessivierung ließ sich allerdings nicht nachweisen. Podsolierung hingegen stellte man dort fest, wo saurer Flechten- und Mooshumus zu finden war oder wo das Ausgangsgestein aus basischem, vulkanischem Gestein bestand (BLÜMEL 1999:92).

Als Voraussetzung für den Aufbau antarktischer Böden gilt der mechanische Sortierungsvorgang, der durch Auffrierung die großen Komponenten an die Oberfläche bringt und sich der Horizont darunter aus den feineren Komponenten bildet und bis zu 30 cm tief wird (BLÜMEL 1999:93).

6 Klima

Neben dem Klima der einzelnen ökologischen Subzonen, soll hier zuerst kurz auf die globalen Auswirkungen der Antarktis als „Kühlaggregat" (BLÜMEL 1999:35) eingegangen werden. Die hier produzierten kalten, stark salzhaltigen Wassermengen bestimmen in entscheidendem Maße das irdische Klimasystem. Durch die erzeugten Dichte- und Wärmeunterschiede im Meerwasser, arbeiten die Weltmeere als Umwälzpumpen und schaffen so einen globalen Energieausgleich. Da die Meere auch die über ihnen befindlichen Luftmassen stark beeinflussen, besitzen die Meeresströmungen eine witterungs- und klimabestimmende Wirkung. Durch das küstennahe Aufsteigen von Tiefenwasser zum Beispiel, kommt es zur Ausbildung von Küstenwüsten, wie der Namib und der Atacama (BLÜMEL 1999:26).

Eine weit verbreitete Vermutung ist, dass in den Polargebieten die Ursache für Glaziale und Interglaziale zu finden wäre. SCHLÜCHTER (1988) kommt zu dem Schluss das: „Die Meeresspiegelschwankungen, welche die Bewegungen in das Gletschersystem von Antarktika bringen, werden durch die an die eiszeitlichen Gletscherausdehnungen gebundenen und wieder freigegebenen Wassermassen auf der Nordhalbkugel gesteuert. Die treibende Kraft als Ursache der Eiszeiten liegt somit nicht in der Eigendynamik der antarktischen Eismassen" (zitiert in BLÜMEL 1999:38).

Betrachtet man die Erdbahnparameter zu den jeweiligen Glazialen und Interglazialen, so stellt man fest, dass sich diese Veränderungen Klimawirksam durchsetzen konnten und damit beide Polargebiete nicht unmittelbar als die Motoren der Glaziale zu betrachten sind (Broecker & Denton 1990, zitiert in BLÜMEL 1999:38)

6.1 Klimageschichte der Antarktis

Mit dem Auseinanderbrechen des Urkontinents Gondwana im oberen Trias (AHNERT1996:51) begann der Antarktische Kontinent zusammen mit dem Australischen an den Südpol zu driften. Mit der Entwicklung des Südpolarmeeres im mittleren Jura und der Abtrennung der australischen Platte im Eozän erreichte die Antarktische Platte schließlich die strahlungsarme südpolare Lage (FÜTTERER 1988, ziteiert in BLÜMEL 1999:25).

Weiterhin wird davon ausgegangen das die Entstehung des ost-antarktischen Eisschildes vor rund 36 Mio. Jahren begann. Basis für diese Rekonstruktionen sind Erkenntnisse die aus Bohrkernen gewonnen werden. So gewinnt man aus einem 2000m langen Bohrkern Klimadaten der letzten 160000 Jahre (BLÜMEL 1999:29). Wichtigste Methode hierbei ist die Bestimmung des Sauerstoffisotopenverhältnisses.

Die Isolierung Antarktikas war erst mit der Öffnung der Tasman-Strasse im Eozän und der Drake Passage im Oligozän vollständig (BLÜMEL 1999:26). Erst jetzt konnte sich der zirkumantarktische Wasserring herausbilden, der die globale Klimaentwicklung nachhaltig veränderte.

Den Beginn der Antarktischen Vereisung bilden Talvergletscherungen in den Gebirgen. Diese Gletscher waren temperiert und bildeten weitläufige Eisstromnetze. Aus diesem Eisstromnetz entwickelte sich im mittleren Miozän der ost-antarktische Inlandeisschild, mit einem gleichzeitigen absinken des Meeresspiegels (BLÜMEL 1999:28f). Erst durch das Absinken des Meeresspiegels konnte sich auf den west-antarktischen Inseln Eis akkumulieren. Aber erst im oberen Miozän konnte sich ein geschlossener Eisschild herausbilden welcher mit dem ost-antarktischen zusammenwuchs (FÜTTERER 1988:14, zitiert in BLÜMEL 1999:28).

Für die Ross/Würm/Weichseleiszeit wird angenommen, dass die Eisdicke der Ost-Antarktis 500 bis 1000m größer war als die heutige. Damit ist ebenso eine Vergrößerung der Eisschelfe verbunden. Während dieser Kälteperiode erreichte die Antarktis ihre flächenmäßig größte Ausdehnung (BLÜMEL 1999:29f). In Abbildung 9 wird sichtbar das die Antarktis und ihr Schelfeis bis über den 50. Breitengrad erstreckte. Durch den holozänen Klimawandel und das Ansteigen des Meeresspiegels ist das vereiste Gebiet der Antarktis bis auf seinen heutigen Stand zurückgegangen.

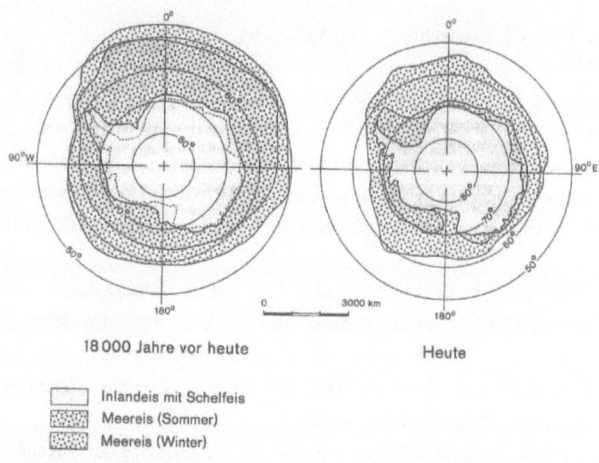

18 000 Jahre vor heute   Heute

☐ Inlandeis mit Schelfeis
▨ Meereis (Sommer)
▨ Meereis (Winter)

Abbildung 9: Antarktisches Inland- und Meereseis: Rekonstruierter Verglich zwischen Rossglazial und dem heutigen Zustand. Quelle: BLÜMEL 1999:30.

6.2 Klima der Südpolaren Region

In der KÖPPENschen Klimaklassifikation von 1931 wird die Südpolarregion unter E-Klimat geführt, welches sich durch einen wärmsten Monat mit einer Mitteltemperatur <10°C auszeichnet. Eine genauere Untergliederung erfolgte 1987 durch LAUER und FRANKENBERG. Hier wird zwischen maritim (D3h), kontinental (D2sh/h) und hochkontinental (D3sh) unterschieden (MICHAEL 2002:220f).

Für das Großklima Antarktis lassen sich folgende Merkmale feststellen (BLÜMEL 1999:46):

- Jahresmitteltemperatur <0°C
- Geringe Niederschläge und schwache Verdunstung
- Negative Energiebilanz (40% geringere solare Einstrahlung als am Äquator)
- Beleuchtungsjahreszeiten
- Ganzjährig flache Hochdruckzelle (Abbildung 10).

16

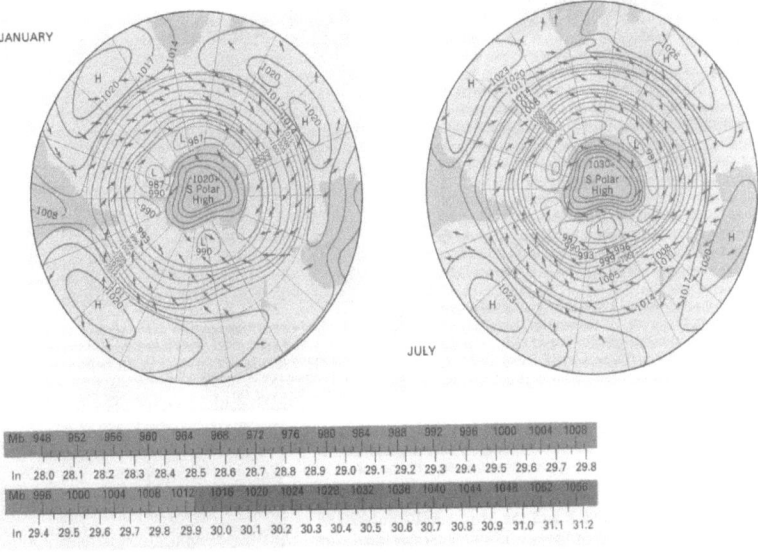

Abbildung 10: Luftdruckverhältnisse Winde am Südpol im Januar (oben) und im Juli (unten). Quelle: STRAHLER, A. & STRAHLER, A. 2003:165

Bei den Beleuchtungsjahreszeiten ist anzumerken das der Polartag am Südpol eine Woche kürzer ist als am Nordpol. Dennoch ist hier eine höhere Strahlungsintensität zu messen, da sich die Erde im Januar am nächsten an der Sonne befindet (WÜTHRICH & TANNHEISER 2002:36). Ebenso ist anzumerken, dass im Antarktischen Hochsommer bei klarer Luft gleiche Energiemenge an Einstrahlung je 24 Stunden gemessen wird wie in den Subtropen (WÜTHRICH & TANNHEISER 2002:37)

6.2.1 Klima des Subantarktischen Gürtels

Diese Zone liegt unter dem Einfluss der zirkumantarktischen Westwindzone. Diese entsteht durch den ganzjährig vorhandenen Druckgradienten zwischen dem Polaren Hochdruck und dem Subtropischen Tiefdruckgebiet. Im Vergleich zum Nordpolaren Gebiet fällt auf, dass in der Subantarktis keine Landmassen diese dynamischen Druckgebilde behindern. In der Subantarktischen Tiefdruckrinne werden die tiefsten Luftdrucke der Welt gemessen (WÜTHRICH, C. & TANNHEISER, D. 2002:42f). Aufgrund der Corioliskraft werden die Ausgleichswinde vom Polaren Hoch zum Subtropischen Tief nach Osten hin abgelenkt und bilden so den Ring aus beständig wehenden Ostwinden. Durch die Gebirgszüge der Palmerhalbinsel werden die Ostwinde Teilweise in Richtung Äquator abgelenkt und somit zu Südwinden in der Subantarktis (WÜTHRICH & TANNHEISER 2002:43). Einen energetischen Vorteil besitzt die Subantarktis durch das eisfreie Meer in den Sommermonaten, da das Meer nur einen Albedo von 10% ab 25° Sonnenstand aufweist (WÜTHRICH & TANNHEISER 2002:37).

Abbildung 11 zeigt ein Thermoisoplethendiagramm der Macquarie-Insel (55°S/159°E). Zu erkennen ist das stark maritim geprägte Klima. Die mittlere Jahresmitteltemperatur beträgt 4,7°C.

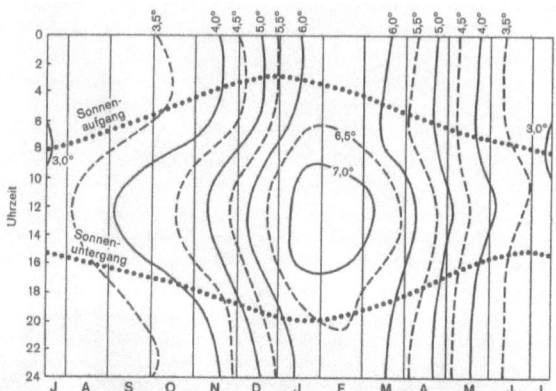

Abbildung 11: Thermoisopletendiagramm für die Macquarie-Insel. Quelle: BLÜMEL 1999:54.

Trotz der Recht milden Temperaturen und den hohen Niederschlägen, in der Westantarktis bis zu 600mm (BLÜMEL 1999:50), reicht die Wärmesumme nicht für Baumwuchs (BLÜMEL 1999:54).

Teile der Subantarkis, aber auch der maritimen, weisen mit über 90% den höchsten Wolken Bedeckungsgrat der Erde auf (WÜTHRICH & TANNHEISER 2002:44).

6.2.2 Klima der maritimen Antarktis

Dieser Klimatische Gürtel erstreckt sich bis über den 55. Breitengrad hinaus. Er ist durch einen Monat mit einer mittleren Temperatur von >0°C und von Niederschlägen von bis zu 300mm Wasseräquivalent geprägt. In diesem Bereich sind die Katabatischen Winde zusammen mit den zyklonalen Stürmen beherrschend. In der Ost-Antarktis sind sie für heftige Schneestürme im Frühsommer und im Winter verantwortlich. Durch die zirkumantarktische Tiefdruckrinne befindet sich auch die West-Antarktische Halbinsel unter zyklonalem Einfluss mit ergiebigen Niederschlägen (BLÜMEL 1999:53).

Besonders wichtig für die Vegetation ist, dass in diesen Gebieten noch Niederschlag in Form von Nebel und Nieselregen auftreten und somit eine direkte Befeuchtung der Flora möglich ist. In den Sommermonaten werden zudem Frostwechsel verzeichnet welche sich auf die Bodenbildungsprozesse niederschlagen (WÜTHRICH & TANNHEISER 2002:89).

In Abbildung 12 ist ein Klimadiagramm der Station Bellingshausen zusehen, welche sich auf der Antarktischen Halbinsel befindet. Nach der KÖPPENschen Klimaklassifikation gehört sie zu den ET-Klimaten. Anhand der abgeflachten Temperaturkurve fällt die maritime Prägung der Region auf, da der Ozean dämpfend auf Temperaturschwankungen wirkt (WÜTHRICH & TANNHEISER 2002:38).

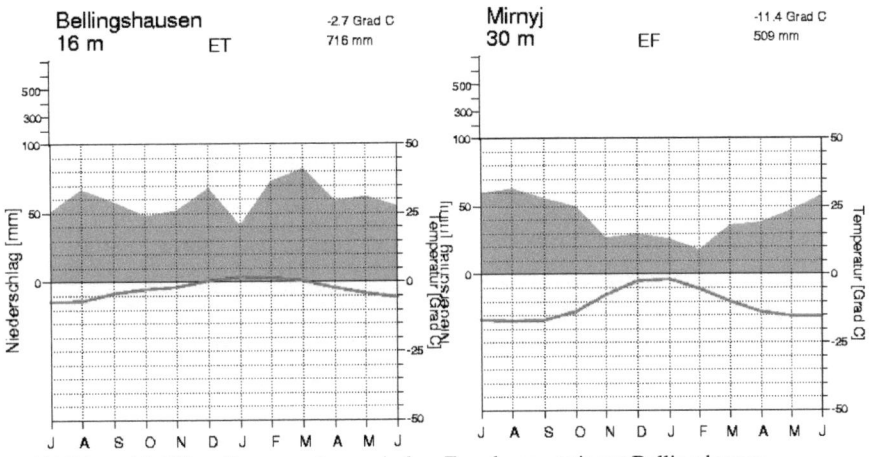

Abbildung 12: Klimadiagramm der russischen Forschungsstationen Bellingshausen (links) und Mirnyj (rechts). Quelle: Internet 5.

Im Bereich der maritimen Antarktis kann eine weitere Differenzierung in West und Ost durchgeführt werden. Vergleicht man zum Beispiel Die Temperaturkurven von der Forschungsstation Bellingshausen in der West-Antarktis (Abbildung 12) und Station Mirnyj in Ost-Antarktis (Abbildung 12), so fällt auf das die West-Antarktis stärker maritim geprägt ist.

Eine Begründung für diesen Unterschied kann im Geologischen Bau gesehen werden, da die Ost-Antarktis eine höhere Durchschnittshöhe Aufweist als die Westantarktis (Blümel 1993:19).

6.2.3 Klima der kontinentalen Antarktis

Diese Zone liegt überwiegend südlich des 70°S. Hier treten Temperaturen oberhalb des Gefrierpunktes nicht mehr auf. Der östliche Teil stellt das zentrale Innlandeisplateau mit einer durchschnittlichen Höhe von 2000m dar. Der Niederschlag nimmt vom Randbereich bis zum Pol hin ab. Während an den Küstenstreifen noch Niederschläge von bis zu 100mm Wasseräquivalent zu messen sind, sind es im zentralen Teil nur noch 30-70mm. Auch nehmen die mittleren Jahrestemperaturen von -10°C an den Randbereichen bis auf -55°C im Zentrum ab (BLÜMEL 1999:53).

MOITKE (zitiert in BLÜMEL 1999:53) Charakterisiert die Antarktis wie folgt: ‚trockener als die Sahara und kühler als Sibirien'.

Im Bereich des Südpols sind der Polartag und die Polarnacht am intensivsten Ausgeprägt. Hier dauert der Polartag vom September bis März (WÜTHRICH & TANNHEISER 2002:36).

Abbildung 13 zeigt ein Klimadiagramm für die Russische Forschungsstation Vostok. Die Station liegt südöstlich des Süpols und hält mit -88°C die jemals tiefste gemessene Temperatur der Erde, den Rekord (BLÜMEL 1999:47f).

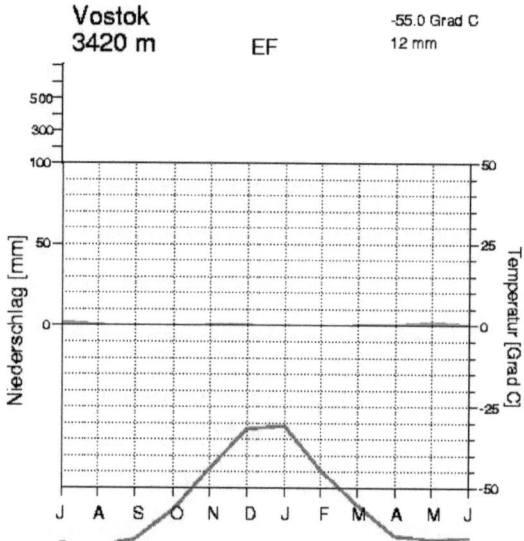

Abbildung 13: Klimadiagramm der Forschungsstation Vostok. Quelle: Internet 5.

7 Flora und Fauna der Antarktis

In dem folgenden Abschnitt soll die Wirkung und Bedeutung der Flora und Fauna im antarktischen Raum betrachtet werden. Im speziellen spricht man vom Antarktischen Zonobiom (WALTER 1991:499), welches einen Großlebensraum mit bioökologischen Aspekten als ein funktionierendes Ökosystem darstellt. Dabei werden die abiotischen Faktoren (die nicht lebende Bestandteile des Landschaftsökosystems) und biotischen Faktoren (lebende Bestandteile) im zonalen Großlebensraum als Wirkungsgefüge betrachtet (Leser 2001: 1020).

Auch die Abgrenzung der Ökozone Antarktis wird nach THANNHEISER & WÜTHRICH (2002:16) südlich der antarktischen Konvergenz vorgenommen, welche sich in etwa um den Breitenkreis 50° südlicher Breite bewegt. Diese Ökozone unterteilen wir in Anlehnung an ALEXSANDROVA (1980) in drei Subzonobien: in das Subantatktische Subzonobiom, in das Subzonobiom der Nördlichen Antarktischen Wüste und in das Subzonobiom der Südlichen Antarktischen Wüste. Die genauen Abgrenzungen werden in den jeweiligen Abschnitten im Einzelnen wiedergegeben.

Als Allgemeine Merkmale des Antarktischen Zonobioms werden extrem abiotische Bedingungen, wie starke Kälteperioden, im Jahr stark wechselnde Lichtverhältnisse und sehr geringe Niederschläge, aber auch biotische Extrema, wie eine geringe oder fehlende Pflanzendecke sowie die große Isolation der Flora und Fauna charakterisiert (THANNWEISER & WÜTHRICH 2002:10).

7.2 Flora des Subantarktischen Subzonobiom

Dieses Landschaftsökosystem entspricht der geographischen Abgrenzung, welche die vor gelagerten Inseln südlich von 45-50°südlicher Breite, wie zum Beispiel Kerguelen, Malvinen, Signy Island und Argentine Island einbezieht. Hier herrscht extrem kühles und ozeanisches Klima. Bei Monatsmitteln kurz über dem Gefrierpunkt herrschen hier keine Bedingungen mehr, die einen Baumwuchs zulassen. Somit kommen vorwiegend produktive Polsterpflanzen, Farne und Sträucher in dieser Region vor. Man zählt bis zu 16 Arten höherer Pflanzen. Diese im Vergleich zur restlichen Antarktischen Flora hoch entwickelten Pflanzen, wachsen auf Böden, die nicht Permafrost beeinflusst sind. Das bedeutet, dass Bodenbildung möglich ist (WÜTHRICH & THANNHEISER 2002:18). Doch die Vegetation beschränkt sich auf die Ostseiten von Erhebungen oder Gebirgen bzw. auf Vertiefungen, da die Inseln unter dem Einfluss extrem stürmischer Westwinde stehen. Als üppiges Vorkommen beschreiben WALTER & BRECKLE (1991:502) die Vegetation aufgrund des klimatischen Faktors Niederschlag, welcher bis zu 1000 mm im Jahr beträgt. Dieser äußert sich im permanenten Nebel oder Nieselregen. Beobachtungen haben ergeben, dass sich selbst Flechten, die eine Symbiose aus Pilz und Alge darstellen, nicht auf den westlich exponierten Hängen entwickeln können, da die stürmischen Winde permanente Austrocknung der Felswände bedingen (BLÜMEL

1999:70). Auf den Inseln trifft man häufig auf Polsterpflanzen, welches Moosarten sind, die bis zu 50 cm in die Höhe wachsen. Meist jedoch bleiben sie darunter, da ab 30 cm der Permafrost beginnt. Ein Beispiel für eine höher entwickelte Pflanze stellt der Kerguelelen-Kohl dar (Abbildung 14), der große Blätter austreibt und früher von Seeleuten als Frischgemüse verwendet wurde. Jedoch wächst er nur an windgeschützten Stellen (WALTER & BRECKLE 1991:503).

Abbildung 14: Kerguelen-Kohl (pringlea antiscorbutica). Quelle: Internet 6.

Die auf allen vor gelagerten Antarktischen Inseln am häufigsten vorkommende Pflanzenart ist das Tussock-Grasland (Abbildung 15). Dies spielte früher auf den Inseln eine Hauptrolle im äußeren Escheinungsbild als Heide, doch durch anthropogene Einflüsse, wie Schafhaltung, wurde es fast völlig vernichtet (WALTER & BRECKLE 1991:506).

7.3   Floren des Subzonobiom der Nördlichen Antarktischen Wüste

Spricht man von diesem Subzonobiom, versteht man es als Landschaftsökosystem in der Maritimen Antarktische Zone. Diese Region umfasst den nördlichen Teil der Antarktischen Halbinsel sowie kleine Inseln, wie Adelaide-Insel, Süd-Shedlands, Süd-Orkneys und Süd-Sandwich-Archipel. „Als nördliche Grenze gegen das subantarktische Subzonobiom wird die antarktische Divergenz angenommen, die etwa der Grenze der das ganze Jahr hindurch auf dem Meere schwimmenden Eisschollen entspricht." (WALTER & BRECKLE 1991:500). Südlich grenzt das Subzonobiom der Südlichen Antarktischen Wüste bei etwa 65° südlicher Breite an.

Entsprechend des kälteren und extremeren Klimas, als in der Subantarktischen Zone, kommen in dieser Region vorwiegend Gemeinschaften aus Niederen Pflanzen vor. Ausnahme sind die zwei einheimischen Blütenpflanzen deschampsia antarctica, ein Tussock-Gras (Abbildung 15), und colobanthus quitensis, ein Nelkengewächs. Sie gelten als botanische Besonderheit der Antarktis (BLÜMEL 1999:74). Anhand diesem

Fakt, definieren WALTER & BRECKLE (1991:500) ab der Subzone der Nördlichen antarktischen Wüste, die eigentliche Antarktis, mit dem Satz: „Nur zwei einheimische Blütenpflanzen kommen in der eigentlichen Antarktis vor [...]."

Abbildung 15: Gold Harbour: Gentoo penguin (Pygoscelis papua) on a tussok grass nest. Quelle: Internet 7.

Insgesamt findet man an den schneefreien Stellen ca. 500 Arten von Moosen, Flechten und Landalgen. Sie sind die einzige Vegetation, die bei Temperaturen bis zu minus 15 °C gedeiht (WALTER & BRECKLE 1991:506). Vor allem kommen Flechten in dieser Region sehr häufig vor (etwa 350 Arten), da sie mit Niederschlägen von 350 bis 500 mm im Jahresmittel Bedingungen vorfinden, die optimal für Prozesse der Photosynthese dieser Pflanzengruppe sind. Der Niederschlag fällt sogar meist im Sommer als Regen oder Nieselregen und ist somit zu dies noch ein zusätzlicher positiver Faktor für das Pflanzenwachstum der maritimen Antarktis. Als äußerliches Bild zeigen sich kleinräumige und fleckenartige Flächen in einer stark aufgelösten Verbreitung. Vorwiegend west- und südexponierte Felsflächen sowie Gesteinsfragmente, wie Schutt, Gerölle und Blockwerk, dienen als Vegetationsort (BLÜMEL 1999:69ff).

Betrachtet man in dieser Region die Bodenbildung, so muss man feststellen, dass diese im Vergleich zur Subantarktischen Zone, weit aus geringer ist. Als gutes Beispiel dienen die dort vorkommenden Strauch- und Bartflechten, welche eine Wachstumshöhe von gerade einmal 5 bis 8 cm erreichen. Daraus resultiert eine sehr geringe Biomasseproduktion. Sie wird als ein halbes Gramm Trockengewichtzunahme in zwei bis drei Jahrhunderten datiert. Somit wird zu wenig an organischem Ausgangsmaterial produziert, als das sich ein Boden entwickeln könnte. Ebenso verdeutlicht dieses Beispiel die enorme Verletzlichkeit und sehr schwere Regenerierbarkeit des antarktischen Ökosystems (BLÜMEL 1999:72).

7.4 Flora und Fauna des Subzonobiom der Südlichen Antarktischen Wüste

Dieses Gebiet umfasst in etwa alles was südlich des 65. Breitengrades liegt oder man sieht die 0°C-Isotherme des wärmsten Monats als Nordgrenze. Dieses Subzonobiom ist fast völlig mit Eis bedeckt, nur Trockentäler, so genannte Oasen und Berggipfel, die Nunataks, sind eisfrei (WALTER & BRECKLE 1991:501). Die einzige Vegetation die den extremen physischen Bedingungen standhalten kann sind Kryptogamen. Unter diesem Sammelbegriff versteht man Moose, Flechten und Algen. Nur sie können unter Permafrostbedingungen noch Photosynthese betreiben und sind perfekt angepasst an extreme Trockenheit, extrem niedrige Temperaturen und salzige Seen. Die bis zu 60 % vorherrschende Luftfeuchte wird durch die abfallenden Föhnwinde als theoretische Grundlage für Pflanzenwuchs genommen (WALTER & BRECKLE 1991:509). Die sich herausgebildeten Florengemeinschaften der Kryptogamen entwickeln sich in Gesteinsklüften, Hohlräumen und in Schutthängen. Die kleinsten Beträge an Wärme, Licht und Wasser reichen aus, Kleinklimaoasen herauszubilden. Je näher man dem geographischen Südpol jedoch kommt, desto kleiner werden die mikroklimatischen Oasen und desto mehr schrumpfen die Lebensmöglichkeiten für die Flora. Kaum noch Chancen für eine floristische Besiedlung sind Regionen, die von Blizzards oder katabatischen Winden beeinflusst werden. Diese Gebiete weisen nur eine Luftfeuchte von 10 % auf und erzeugen so eine Vollwüste. Das einzige Leben, wie zum Beispiel Mikroalgen und Flechten, kann dann nur noch in Gesteinsrissen und Poren, in denen sich Schmelzwasser ansammelt, existieren (BLÜMEL 1999:70f).

Aufgrund der Tatsache, dass sich Fauna und Flora beeinflussen und in einem gewissen Grad abhängig voneinander sind, lässt sich für das Subzonobiom Südliche Antarktische Kältewüste kaum ein Tier finden, da die vorhandene Vegetation mehr als spärlich vorhanden ist. Somit fehlt eine Makrofauna völlig. An diesem Punkt ist auf das große biologische Vorkommen in den Meeren um die Antarktis zu verweisen. Die maritime Nahrungskette ist sehr bedeutsam. Um dem folgenden Abschnitt nicht vorzugreifen, bilden, die hier nur allgemein genannten Vertreter, wie Robben, Seevögel und Wale, die obersten Glieder dieser Nahrungskette im marinen Ökosystem (WÜTHRICH & THANNHEISER 2002:18). Die wirbellose Mikrofauna ist nur auf den Lebensraum „Boden" beschränkt. Dabei ist sie von der Primärproduktion der vorherrschenden Flechten, Algen und Moosen abhängig. Wo Fragmente der Kryptogamen nachzuweisen sind, können drei bis vier Arten von Springschwänzen und eins bis zwei Milbenarten vorkommen. Zudem zählen zur Mikrofauna Einzeller, Fadenwürmer und Bärtierchen. Auch diese Arten wurden in der terrestrischen Antarktis nachgewiesen (WÜTHRICH & THANNHEISER 2002:116).

7.5 Die marine Fauna der Antarktis

Wie im obigen Abschnitt schon erwähnt, ist die Fauna stark abhängig von den Organismen, die als grundlegendes Glied der Nahrungskette die Primärproduktion erwirtschaften. Da die Meere eine hohe Primärproduktion gewährleisten, ist die marine Fauna sehr artenreich und stellt somit den biologischen Reichtum der Antarktis dar (WÜTHRICH & THANNREISER 2002:18). „Die marine Fauna der Antarktis wird dominiert durch warmblütige Wirbeltiere. Wale, Robben und Seevögel bilden auch hier die obersten Glieder der Nahrungskette" (WÜTHRICH & THANNHEISER 2002:125).

Denken wir an Wale in der Antarktis, so verbinden wir sie mit der Tatsache der vielen Walfangschiffe um 1900. Damit schweift der Gedanke weiter zur extremen Minimierung einiger Walarten, wie zum Beispiel dem Blauwal. Die Bedeutung der Wale liegt für die antarktischen Gewässer in der Krillminimierung im Südsommer. Bis heute haben sich die Walarten von den menschlichen Einflüssen in das Ökosystem nicht erholt und so werden enorme Mengen an Krill (Abbildung 15), von dem pro Tag mehrere Tonnen durch Säugetieren vertilgenden werden, nicht minimiert. Dieses Überangebot an Plankton lässt die anderen Tierarten der marinen Antarktis, wie Pinguine und Sturmvögel an Anzahl stark zunehmen (WÜTHRICH & THANNHEISER 2002:125). Somit können wir diese Tatsache als Beweis für die anthropogene Beeinflussung in das Gleichgewicht des antarktischen Ökosystems unterstreichen.

Beobachtungen berichten auch eine Zunahme von Robbenkolonien. Besonders die in Abbildung 15 gezeigte Krabbenfresser-Robbe, die sich von Pinguinen ernährt, zählt mit ca. 30 Millionen Tieren zu der am größten verbreiteten Robbenart der Welt (WÜTHRICH & THANNHEISER 2002:126).

Abbildung 15: Krabbenfresser Robbe (Lobodon carcinophagus)links und der antarktische Krill (Euphausia superba) rechts. Quelle: Internet 8.

Des Weiteren sind Robbenarten zu nennen, wie Weddel-Robbe, Seeleoparden und Seeelefanten, die an der antarktischen Küste sowie im periantarktischen Bereich zu finden sind. Dies ist ein Anzeiger für das reichhaltige Nahrungsangebot in dieser Region. Meist gelten Pinguine als Nahrungsquelle der Robben. Sie sind mit den Sturmvögeln die dominierenden Vogelfamilien im Südpolarmeer. Von den insgesamt 38 vorkommenden Vogelarten, brüten nur 10 Arten auf dem antarktischen Kontinent und mit ihnen nur 15 auf der antarktischen Halbinsel. Dies zeigt deutlich, dass der vorwiegende Teil der marinen Fauna im Bereich des Packeises, also periantarktischem Bereich verbreitet ist. Charakteristische Vögel der Antarktis sind der Kaiserpinguin, der Adélie-Pinguin und Haubenpinguin sowie in die Familie der Sturmvögel eingeordnet, die Albatrosse, Sturmschwalben und Komoranarten. Einige Vertreter zeigt die folgende Abbildung 16 (WÜTHRICH & THANNHEISER 2002:126f).

Die Seevögel sind ein wichtiger Ökologischer Faktor im antarktischen Ökosystem, da sie zum einen in wichtiger Faktor zum Erhalten des Gleichgewichtes des Fischbestandes sind und zum anderen, einen Teil der marinen Nährstoffe durch Exkremente an Land deponieren.

Durch die Ablagerung der tierischen Exkremente können so ornithogene Böden entstehen. Sie sind wiederum die Brücke zur Flora. Diese kommt ebenso an Brutplätzen der Seevögel vermehrt vor, wie auch bei Pinguinkolonien (WÜTHRICH & THANNHEISER 2002:128).

1   2   3

Abbildung 16: 1) Adéliepinguin (Pygoscelis adeliae), 2) Schneesturmvögel, 3) Kaiserpinguine (Aptenodytes patagonica).Quelle: Internet 8.

Auch die marine Fischwelt hat sich den Bedingungen der Antarktischen Verhältnisse angepasst. Laut WÜTHRICH & THANNHEISER (2002:128) sind antarktische Fischarten hoch endemisch. Das heißt sie kommen nur an einem bestimmten, eng umgrenzten Gebiet vor. Es sind also Arten, die sich aufgrund der Klimaverhältnisse und der Isolation ganz speziell an die Bedingungen angepasst haben. Die meisten Fischarten sind Grundfische. Einige Beispiele sind antarktische Dorsche, Eisfisch und Drachenfisch. Sie haben kaum wirtschaftliche Bedeutung, jedoch aufgrund von produzierenden Gefrierschutzproteinen und geringer Temperaturtoleranz, haben sie eine enorme wissenschaftliche Bedeutung. Weiter bilden sie das Bindglied zwischen dem Zooplankton und den höheren Wirbeltieren (WÜTHRICH & THANNHEISER 2002:129).

Bei allen Tierarten sind Verhaltensanpassungen an das antarktische Klima nachzuweisen. Ein Beispiel ist das Brutverhalten der Kaiserpinguine. Ebenso gelten drei Regeln für die Antarktische Fauna. Zum einen ist das die Bergmann´sche Regel, sie zeigt, dass Tiere in kälteren Klimabereichen durchschnittlich größer sind, als Tiere der gleichen Art in wärmeren Klimaten. Ein Beispiel hierfür sind die beiden Pinguinarten Kaiserpinguin und Galapagospinguin. Die zweite Regel, die Anpassungserscheinungen der Tiere verdeutlicht, ist die Gloger´sche Regel oder Färbungsregel. Sie sagt aus, dass die Intensität der Farbtöne, die von der Melaninbildung abhängig ist, in kalten und trockenen Gebieten gering ist sowie graue Farbtöne hervorbringt. Die Allen´sche Regel zeigt als drittes Anpassungsgesetz, dass die Körperanhängsel, wie Ohren oder Schwanz, bei Tieren derselben Art in kälteren Regionen kleiner sind (WÜTHRICH & THANNHEISER 2002:116).

8   Zusammenfassung

Wie sich bestätigte, besitzt jede einzelne Subzone der Antarktis ihre Besonderheiten. Um einen besseren Überblick zu bekommen und vergleiche zu machen, sind in Tabelle 3 verschieden Merkmale zusammengetragen worden und gegenübergestellt.

Merkmal	Subantarktis	Maritime Antarktis	kont. Antarktis
Albedo	Zw. 10% (Eis) und 70% Schnee und Eis	Zw. 10% (Eis) und 70% Schnee und Eis	>70%
Polartag/Polarnacht (Monate)	12/0	11/1	5/7
Klima (Köppen)	ET	ET (West), EF (Ost)	EF
Böden	Schotter, flachgründige Böden, Permafrost,	Meereis, Gletschereis,	Gletschereis, Schotter im Bereich der Nunataks
Niederschlag	< 600mm, Nebel	100-400mm	<100mm
Ø Temperatur	<5°C	<0°C (West), <5°C (Ost)	<-10°C
Winde	Außertropische Westwinde	Polare Ostwinde, „Roaring Forties", „Screaming Sixties"	Katabatisch,
Flora & Fauna	Polsterpflanzen, Farne und Sträucher Brutvögel,...	Flechten, Mikrofauna, Pinguine, Robben	Extrem seltene Mikrofauna und Mikroflora

Tabelle 3: Merkmalsvergleich der drei Antarktischen Ökozonen.
Quelle: Eigener Entwurf.

Eine Schwierigkeit die sich bei der Bearbeitung des Themas herausgestellt hat ist die Betrachtungsdimension. So hat sich gezeigt, dass sich im Bereich der kontinentalen Antarktis ebenfalls Lebensformen vorkommen, wenn auch nur im Bereich von einzelnen Gesteinsspalten. Eine weitere Schwierigkeit stellte der fließende Übergang zwischen den einzelnen Subsystemen dar. So ist man sich vielfach nicht einig über die Abgrenzung einzelner Areale, was am Beispiel Westantarktis verdeutlicht werden kann (vgl. MICHAEL 2002:222f).

-   Troll & Pfaffen: I2 → polares Klimate,
-   Köppen: E → Eisklimat, vergleichbar mit I1 (Eiswüste) bei Troll &Pfaffen,

In BLÜMEL (1999:18) wird die Westantarktis als eigenständiger, ozeanisch geprägter Klima- und Lebensraum dargestellt (vgl. Abbildung 1 und 16).

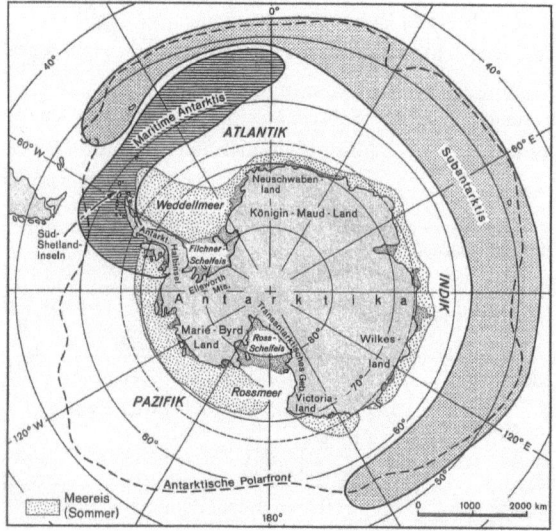

Abbildung 17: Ökozonen der Antarktis nach Blümel. Quelle: BLÜMEL 1999:18)

Ebenso wurde deutlich, dass sich die einzelnen Faktoren nur im Gesamtsystem betrachten lassen und sich in diesem System gegenseitig bedingen. Somit kann das Geoökologische System als Prozess-Responce-System betrachtet werden.

28

Literaturverzeichnis

AHNERT, F. (1996²): Einführung in die Geomorphologie. Stuttgart.

BLÜMEL , W-D. (1999): Physische Geographie der Polargebiete. Stuttgart.

Internet 1: http://www.antarctica.org/Hp_Uk/ Zugriff: 6.11.2004.

Internet 2: http://www.iaag.geo.uni-muenchen.de/sammlung/AntarktisSchelfeis.html
Zugriff: 6.11.2004.

Internet 3:
http://www.awi-bremerhaven.de/AWI/Presse/PM/ALTE-PM/PM270300-d.html
Zugriff: 6.11.2004.

Internet 4:
http://www.mpimet.mpg.de/dynindex.php?s=http://www.mpimet.mpg.de/de/web/educat
ion/faq8.html Zugriff: 6.11.2004.

Internet 5: http://www.klimadiagramme.de/Australien/antarktis.html Zugriff: 6.11.2004.

Internet 6:
http://www.peterlanger.com/Countries/Antarctica/South%20Shetlands/pages/.htm.
Zugriff: 29.10.2004.

Internet 7: http://www.univ-st-etienne.fr/iaaf/kerguelen/faunflor/kfaunflo.htm.
Zugriff: 28.10.2004.

Internet 8: http://e-net.awi-bremerhaven.de/Eistour/pinguine-d.html Zugriff:13.10.2004

LESER, H. (2001¹²): Diercke Wörterbuch Allgemeine Geographie, München,
Braunschweig.

LIESER J. L. & K. LIESER (2003); Eis ist nicht gleich Eis. Praxis Geographie
„Polarregionen",
Heft 10, S. 39-45.

MICHAEL, T. (2002⁵): Diercke Weltatlas. Braunschweig.

MÜLLER-HOHENSTEIN, K. (1981); Die Landschaftsgürtel der Erde. Stuttgart.

SCHULTZE, A. (2003): In Nacht und Eis. Praxis Geographie „Polarregionen", Heft 10, S.
4-9.

STRAHLER, A. & STRAHLER, A. (2003³): Intoducing Physical Geography. New York

THANNHEISER D. & C. WÜTHRICH (2000); Subzonale Differenzierung der polaren Ökozone. Geographische Rundschau „Ökozonen der Erde", Heft 10, S. 12-18.

THANNHEISER D. & C. WÜTHRICH (2002): Die Polargebiete. Braunschweig.

WALTER H., S-W BRECKLE (1991); Ökologie der Erde – Bd. 4: Gemäßigte und arktische Zonen außerhalb der Euro-Nordasiens. Stuttgart.